Bibliografische Information der Deutschen Nationalbibliothek:

Die Deutsche Bibliothek verzeichnet diese Publikation in der Deutschen National-
bibliografie; detaillierte bibliografische Daten sind im Internet über http://dnb.d-
nb.de/ abrufbar.

Impressum:

Copyright © 2018 GRIN Verlag
Druck und Bindung: Books on Demand GmbH, Norderstedt Germany
ISBN: 9783668815919

Alexander Markus Rehm

Schallwellenanalyse des Sounds professioneller TenorsaxophonspielerInnen. Teil 3

Vergleichende Analyse von Formanten gesprochener Vokale und Tenorsaxophontönen zur Bestimmung der Herkunft bzw. des Generierungsortes der Formantenbänder des Tenorsaxophonspiels im Frequenzbereich von 0-10.000Hz

GRIN Verlag

Schallwellenanalyse des Sounds professioneller TenorsaxophonspielerInnen. Teil 3

Teil 3: Vergleichende Analyse von Formanten gesprochener Vokale und Tenorsaxophontönen zur Bestimmung der Herkunft bzw. des Generierungsortes der Formantenbänder des Tenorsaxophonspiels im Frequenzbereich von 0.-10.000Hz

(Part 3: Analysis and comparison of formants generated by speech of vowels and tenor saxophone play to define the location of origin of detectable formantbands of the tenor saxophone play in the frequency region of 0-10.000Hz.)

Autor: Dr. Alexander M. Rehm

Zusammenfassung

Um die Frage des „Generierungsortes" der messbaren Formantenbänder, die eine Tenorsaxophonspielerin oder ein Tenorsaxophonspieler hervorbringt, zu untersuchen, wurden zunächst die Formantenbänder bestimmt, die ein Tenorsaxophonspieler bei der Aussprache von Vokalen generiert. Dabei wurden die Vokale a, e, i, o und u fokussiert. Es konnten in der Summe 16 distinkte Signale im Formantenspektrum im Bereich von 0-10.000Hz identifiziert werden, die in jeweils unterschiedlichem Maße bei der Aussprache der Vokale ausgeprägt wurden. 4 der 16 Signale lagen im Frequenzbereich von 250-900Hz und können somit nicht als Resonanz des Ansatzrohres (Mund-Rachenraum) des Probanden interpretiert werden – somit kommen diese Formantensignale nicht als Resonatoren des Ansatzrohres beim Spielen des Tenorsaxophons in Betracht. Hingegen können die 12 weiteren „Vokal-Formantenbänder" prinzipiell ebenfalls vom Spieler beim Tenorsaxophonspiel generiert werden.

Werden die Töne analysiert, die vom Probanden bei Einsatz des Mundstücks (MPC) alleine bzw. des Mundstücks inkl. S-Bogen generiert werden, so ergeben sich deutliche Hinweise darauf, dass das Ansatzrohr des Spielers, also der komplette Mund-Rachenraum, für die Resonanz- und Soundgenerierung genutzt wird und somit auch der Herkunftsort von Formanten beim Tenorsaxophonspiel sein kann – ähnlich wie dies für die Formung der Vokalformanten gilt. Die identifizierbaren Formanten bei Einsatz von MPC und MPC&S-Bogen zeigen, bei Bezugnahme auf die Resonanzmaxima, Parallelitäten mit einigen Vokalformanten, sodass dies als Hinweis für den Mund-Rachenraum als Generierungsort gewertet werden kann.

Vergleicht man die Resonanzmaxima der Formantenbänder des Tenorsaxophonspiels mit den Formanten des „MPC-Tons", des „MPC&S-Bogen-Tons" und der Vokale, so kann für das Formantenband mit einem Resonanzmaximum im Bereich von 700-800Hz geschlossen werden, dass dieses seine Herkunft im Bereich des Mundstücks und S-Bogens hat. Für das Formantenband des Tenorsaxophonspiels mit einem Resonanzmaximum bei ca. 6000Hz ist kein Pendant unter den Vokalformanten zu finden, sodass hier ebenfalls davon ausgegangen werden kann, dass dieses Formantenband im Bereich der Hardware (MPC, S-Bogen, Saxophon-Korpus) generiert wird. Alle übrigen 10 Formantenbänder, die beim Tenorsaxophonspiel (bei diesem Probanden) auftreten, können aufgrund ihrer ähnlichen Resonanzmaxima prinzipiell auch Vokalformanten zugeschrieben werden und könnten somit im Mund-Rachenraum des Spielers generiert werden.

Zukünftige Untersuchungen mit verschiedenen professionellen Tenorsaxophonspielern können dazu beitragen, weitergehende Klarheit über den Herkunftsort der beim Tenorsaxophonspiel generierten Formantenbänder zu schaffen

Summary (English)

Focus of this study was to gain more clarity about the location of origin of the measurable formantbands of a tenor saxophone play. For this purpose, the formants, which are generated by the player by speaking the vowels "a, e, i, o and u" (remark: pronounced in German language), have been detected and characterized. In sum 16 signals within the formantspectra (0-10.000Hz) of the spoken vowels, which contributed in a varying amount to each formantspectrum of a vowel, could be detected. 4 of these 16 formant signals showed a resonance maximum in the range of 250-900Hz and therefore could not been interpreted as a classical tube related resonance of the mouth-pharynx region – this implies that those signals will have no relevance for generating formants in tenor saxophone play, whereas the remaining 12 detectable formant signals (vowel-formants) may play a role also in generating formant bands in tenor saxophone play.

By analyzing the sounds generated by the player using the mouth piece (MPC) only or the MPC connected to the S-bow (MPC&S-bow) it was obvious that the player used the mouth-pharynx region to generate the resonance and therefore the sound of his saxophone play – very similar to the generation of vowel-formants in speech. There is a high correlation between the detectable resonance maxima of the vowel-formants and the formants generated with the MPC and the MPC&S-bow which can be interpreted as strong indication that the majority of the MPC- and MPC&S-bow-formants are generated in the mouth-pharynx region as well.

Comparing the resonance maxima of the formants bands generated in saxophone play with the detected formants of the MPC, MPC&S-bow and the vowel-formants it can be concluded that the single formantband with a resonance maximum in the range of 700-800Hz has its origin in the MPC&S-bow. The formantband of the saxophone play with a resonance maximum around 6.000Hz can also be attributed to the hardware (MPC, S-bow, corpus of the saxophone) as no similar vowel-formant can be detected. For all other formant bands of the saxophone play it can be assumed, due to the similarity of the resonance maxima of those formantbands with the vowel-formants, that at least 10 formant bands of the saxophone play (of this player) are generated in the mouth-pharynx region as it is the case with the vowel-formants.

Further investigations with various professional saxophone players may provide additional clarity on the location of origin of the formantbands in tenor saxophone play.

Einleitung

Um den Einfluss der Spieler auf die Ausprägung von Formanten beim Tenorsaxophon zu untersuchen und zu verstehen, konnte in bisherigen Untersuchungen von Rehm et.al (1, 2) und Cheng et.al (3) gezeigt werden, dass:

a) Eine Vielzahl von Formantenbändern (bis zu 14) in dem Frequenzbereich von 0-10.000Hz beim Tenorsaxophonspiel generiert werden
b) Jeder Spieler (bei Einsatz „seines Hardware-Setup") „sein Set an Formantenbändern" ausprägt und die individuellen Sets der Spieler sich bzgl. der Lage der Resonanzmaxima (Peaks) der

Formantenbänder, wie auch in Bezug auf die Ausprägungsintensität (Resonanzstärke) der Formantenbänder unterscheiden.

c) Professionelle Spieler in der Lage sind, die Ausprägung von Formantenbändern zu beeinflussen mit der Intention, den Sound zu beeinflussen.

In der Literatur finden sich in Bezug auf die Formanten, die beim Tenorsaxophon ausgeprägt werden, keine Aussagen zu der Herkunft der Formantenbänder, die bei professionellen Saxophonspielern identifizierbar sind. D.h. es besteht keine Klarheit darüber, ob die Resonanzen, die den identifizierbaren Formantenbändern zugrunde liegen, bzw. die Resonatoren, die die Formantenbänder generieren, ihren Ursprung im Mund-Rachenraum des Spielers haben oder in der Hardware wie z.B. Mundstück, S-Bogen oder Korpus des Tenorsaxophons. Auf Basis der Lage des Peaks eines Formantenbandes im beobachteten Frequenzbereich von 0-10.000Hz kann zwar unter bestimmten Annahmen die „Rohrlänge" des verantwortlichen Resonators abgeschätzt werden (4), jedoch Aussagen darüber, wo dieser Resonator auf der gesamten Wegstrecke vom Anfang des Mund/Rachenraums des Spielers bis zum Ende des Tenorsaxophons liegt, konnten in der Literatur nicht gefunden werden.

Diese Arbeit unternimmt den Versuch, die jeweilige Herkunft der Resonatoren, die sich als Formantenbänder beim Tenorsaxophonspiel ausprägen, zu bestimmen bzw. eine Idee zu entwickeln, wo die jeweiligen Resonanzen erzeugt werden. Dabei wird ein Vergleich angestellt mit (i) Formantenbändern, die bei der stimmlichen Ausprägung von Vokalen identifizierbar sind, (ii) Formantenspektren, die sich ergeben, wenn der Tenorsaxophonspieler nur das Mundstück oder das Mundstück plus S-Bogen nutzt und (iii) Formantenspektren von auf dem Tenorsaxophon gespielten Tönen. Dieser Vergleich soll es ermöglichen, eine Aussage darüber treffen zu können, welche Formantenbänder bzw. welche Resonatoren ihren Ursprung im Mund-Rachenraum des Spielers haben bzw. welche Formantenbänder ursächlich durch die Hardware (Mundstück, S-Bogen, Korpus des Saxophons) generiert werden.

Material & Methoden

Die Aufnahmen von Tönen eines „nicht professionellen Tenorsaxophonspielers" (Proband), deren Bearbeitung in dem Softwareprogramm „Praat" und die Erstellung von frequenzabhängigen Intensitätsspektren der Aufnahmen sowie der Prozess der Datenauswertung und Übertragung in Excel erfolgten wie bereits beschrieben (1, 2). Verwendet wurden als Mundstück (MPC) ein Otto Link Tone Edge 7* und ein Tenorsaxophon der Marke Grassi.

Stimmaufnahmen von gesprochenen und gesungenen Vokalen des gleichen Probanden wurden mit dem identischen Equipment durchgeführt wie die Aufnahmen des Tenorsaxophons. Auch die weitere Analyse der Daten, die entsprechende Auswertung sowie die Darstellung der Daten erfolgten in gleicher Weise (unter Verwendung von „Praat") wie bei den Tonaufnahmen des Tenorsaxophons (1, 2).

Um frequenzabhängige Intensitätsspektren oder daraus abgeleitete frequenzabhängige Formantenspektren miteinander in Beziehung setzen zu können oder mathematischen Prozessschritten (Differenz oder Division) unterziehen zu können, wurden einfache mathematische „Interpolations- und Glättungsverfahren" verwendet.

Für die Messungen dieser Studie wurden Aufnahmen eines nicht professionellen Tenorsaxophonspielers (männlich, kaukasische Herkunft) verwendet, da es in dieser Untersuchung nicht um die willkürliche Fähigkeit eines professionellen Saxophonspielers geht, die Formantenbänder in einer spezifischen Weise auszuprägen, um einen spezifischen Sound zu erzeugen, sondern darum, eine Idee zu entwickeln bzgl. der „örtlichen Herkunft bzw. des Generierungsortes" der Formantenbänder, die beim Tenorsaxophonspiel erzeugt werden. Insofern ist ein nicht professioneller Tenorsaxophonspieler als geeigneter Proband für diese Untersuchung zu bewerten.

Ergebnisse / Teil 1 – Formanten bei Artikulation von Vokalen

(Abbildungen siehe „Katalog der Abbildungen")

Die beim Sprechen oder Singen durch den Sprecher oder Sänger generierten Formanten oder auch Formantenbänder, die in Summe das jeweilige Formantenspektrum ausmachen, haben nach gängiger Meinung ihren Ursprung im sogenannten Ansatzrohr des Sprechers/Sängers, aber auch im Bereich der Glottis; d.h. sowohl der Mund-Rachenraum als auch der Glottisbereich sind im Wesentlichen verantwortlich für die Generierung von Resonanzen, die sich in den beobachtbaren Formantenbändern manifestieren. Man geht davon aus, dass die Länge des Ansatzrohres beim kaukasischen Mann durchschnittlich ca. 17,5 cm beträgt. Unter Einsatz der bekannten Frequenzfunktion(4): $F(i) = c/2L$ (F=Frequenz(Hz); c=Schallgeschwindigkeit (m/s); L=Länge des Rohres (m)) würde das Resonanzmaximum (Peak) eines Resonators, der die gesamte Länge des Ansatzrohes umfasst, bei ca. 980Hz (1/s) liegen (bei normalfeuchter Luft und 20° Celsius). Damit dürfte bei kaukasischen Männern im Durchschnitt kein Formantenband auftreten, welches auf das Ansatzrohr zurückzuführen ist, das einen Resonanzpeak deutlich unter 1000Hz aufweist. Das Auftreten eines Formantenbandes mit einem Resonanzmaximum unterhalb dieser Frequenz könnte somit nicht mit der Funktion des Ansatzrohres als Resonator erklärt werden.

Bei Aussprache der Vokale a, e, i, o und u in üblicher Stimmlage des Probanden und jeweils hintereinander (sodass jeder Vokal für mindestens 0,7 Sekunden ausgesprochen wurde), war die Frequenz des Grundtons bei allen Vokalen nahezu identisch (Grundtonbereich des Probanden: 124 – 128Hz), die frequenzabhängigen Intensitätsspektren zeigten aber für jeden Vokal eine typische Form und unterschieden sich voneinander in signifikanter Weise. Man kann davon ausgehen, dass die Ausprägung der Vokale in der üblichen Stimmlage bei einem nicht geübten Sprecher oder Sänger automatisch und damit tendenziell eher unwillkürlich als willkürlich erfolgt. Wird dem Probanden eine zu treffende Zielfrequenz vorgegeben (hier 330Hz/Ton E4), so ist davon auszugehen, dass der Proband eher willkürlich und zielgerichtet agiert, um die Vokale langezogen (mindestens ca. 0,7 Sekunden) in der gewünschten Zielfrequenz zu sprechen.

In allen Fällen war zu beobachten, dass der Sprecher bei einer Zielfrequenz von 330Hz eher sang als sprach. Bei dieser Vorgabe war der Grundton bei den Vokalen nahezu identisch (gemessener Bereich des Grundtons des Probanden: 318-322Hz), wobei sich auch hier typische Unterschiede in den frequenzabhängigen Intensitätsspektren der jeweiligen gesprochenen/gesungenen Vokale zeigten.

In Abbildung 1a und 1b sind typische frequenzabhängige Intensitätsspektren des Vokals „a" jeweils in üblicher Stimmlage und mit dem Zielton E4 dargestellt, sowie deren Zusammensetzung aus dem Tonsignal (Grundton und Obertöne) und dem Rauschensignal (Sprecherrauschen = SpR). In Abbildung 2a und 2b sind entsprechende Intensitätsspektren des Vokals „u" in gleicher Weise wie in Abbildung 1a und 1b dargestellt.

Beim Vergleich der frequenzabhängigen Intensitätsspektren aller hier betrachteten Vokale (a, e, i, o, und u), gesprochen bei normaler Stimmlage und mit der Zielfrequenz von E4, konnten folgende generelle Phänomene beobachtet werden:

1) Der Auflösungsgrad der Intensitätsspektren ist bei üblicher Stimmlage deutlich höher als bei Spektren des angestrebten Zieltons (E4). Somit lassen sich aus den Intensitätsspektren bei üblicher Stimmlage mehr Hinweise für diskrete Formantenbänder finden, als bei den Intensitätsspektren des Zieltons E4.
2) Der Anteil des Sprecherrauschens (SpR) am gesamten Intensitätsspektrum eines Vokals ist bei Spektren in üblicher Stimmlage signifikant höher als bei Spektren des Zieltons E4.
3) Bei Intensitätsspektren in üblicher Stimmlage wird das Signal der Obertöne schon bei niedrigeren Frequenzen deutlich stärker gedämpft als bei Intensitätsspektren des Zieltons E4, bzw. geht das Signal im SpR komplett unter.

Auf diese generellen Phänomene wird hier nicht weiter eingegangen, vielmehr wird im Folgenden der Versuch gemacht, durch weitergehende Analyse der Intensitätsspektren der Vokale die Anzahl der vom Sprecher erzeugten Formantenbänder und deren frequenzabhängige Lage zu bestimmen. Dazu eignen sich zunächst die Intensitätsspektren der Vokale in üblicher Stimmlage, da deren Auflösungsgrad, bedingt durch die Frequenz des Grundtons (124-128Hz) bzw. der Obertöne als Vielfache des Grundtons, deutlich höher ist als die Intensitätsspektren des Zieltons E4 (siehe auch Punkt 1 oben).

Werden normierte Formantenspektren der Vokale mit üblicher Stimmlage entsprechend der von Rehm beschriebenen Methode (2) aus den jeweiligen Intensitätsspektren bestimmt, so kann man bei einfacher Betrachtung der Formantenspektren schon deutliche Hinweise auf die „Peaks der beteiligten Formantenbänder" erkennen bzw. ableiten. In den Abbildungen 3a, 3b und 3c sind beispielhaft die Formantenspektren für die Vokale „a", „e" und „u" dargestellt und in Tabelle 1 sind die in den Formantenspektren erkennbaren Peakpositionen (Hz) aus den Formantenspektren aller Vokale „a", „e", „i", „o" und „u" zusammengefasst. Diese „Intensitätspeaks" sind Hinweise auf entsprechende Formantenbänder und es ist davon auszugehen, dass die Resonanzmaxima der entsprechenden Formantenbänder weitgehend den Frequenzen der beobachteten Intensitätspeaks entsprechen. Bei der Zusammenfassung in Tabelle 1 wurden sowohl „Peaks" mit einem positiven rel. Wert (verstärkte Resonanz) wie auch „Peaks" mit einem negativen rel. Wert (verminderte Resonanz) berücksichtigt, da in beiden Fällen Resonatoren als Ursachen für die beobachteten Phänomene angenommen werden können.

Identifizierbare Peaks bei Frequenzen deutlich <1000Hz können zunächst nicht als „Resonatoren des Ansatzrohres" interpretiert werden, da, wie bereits dargelegt, die geringste Peakfrequenz eines Formantenbandes eines männlichen Kaukasiers, welches auf die gesamte Länge des Ansatzrohres als Resonanzraum zurückzuführen wäre, bei ca. 980Hz liegen müsste.

Werden die in Tabelle 1 als F1a-F1d bezeichneten Peaks als Hinweis für vom Sprecher generierte Formantenbänder des Ansatzrohres ausgeschlossen (es müssen andere Ursachen für die Ausprägung dieser Peaks in den Formantenspektren angenommen werden), so ergeben sich dennoch klare Hinweise auf bis zu 12 identifizierbare, vom Sprecher generierte Formantenbänder, deren Peaks im Bereich von 1100-9400Hz liegen. Drei der identifizierbaren Formantenbänder sind bei allen Vokalen ausgeprägt und haben Resonanzmaxima bei ca. 1100Hz; 2100Hz und 3600Hz. Bei dem Vokal „e" können 10 diskrete Formantenbänder im Frequenzbereich bis 10.000Hz identifiziert werden, bei „a" und „i" noch 8 Formantenbänder, während bei den Vokalen „o" und „u" nur noch 5 Formantenbänder in diesem Frequenzbereich identifizierbar waren.

Man kann zunächst annehmen, dass bei der Formulierung von Vokalen alle identifizierbaren Formanten mit einem Peakmaximum >1000Hz innerhalb des Ansatzrohrs (Mund-Rachenraum) des Sprechers generiert werden und zwar abhängig von der willkürlichen Formung des Mund-Rachenraums durch den Sprecher. Somit kann die Länge des jeweiligen Resonators, der ursächlich für die Ausprägung eines Formantenbandes verantwortlich ist, aus der Frequenz des Resonanzmaximums unter Einsatz der Gleichung F(i) = c/2L (4) abgeleitet werden. Die so berechneten Längen der Resonatoren (cm), welche die identifizierten Formantenbänder ausmachen, sind in Tabelle 2 dargestellt.

Formantenspektren von Vokalen mit dem Zielton E4 sind aufgrund der höheren Frequenz des Grundtons (hier ca. 320Hz vs. ca. 124Hz bei üblicher Stimmlage) und damit auch der größeren Abstände zwischen den Obertönen deutlich geringer aufgelöst als die Formantenspektren bei üblicher Stimmlage. Insofern ist zu erwarten, dass die Formantenbänder in den Formantenspektren des Zieltons E4 nicht so distinkt dargestellt werden und somit auch nicht mit dem entsprechenden Detailgrad identifiziert werden können, wie dies bei Formantenspektren der üblichen Stimmlage möglich ist. Generell zeigen die Formantenspektren der Vokale des Zieltons E4 sehr ähnliche typische Charakteristika wie die Formantenspektren der in üblicher Stimmlage gesprochenen Vokale (siehe Abbildungen 4a-c für die Vokale „a", „i" und „u"). Allerdings werden auch gewisse Unterschiede deutlich, die als Belege dafür gewertet werden können, dass der Sprecher je nach zu erzielender Tonlage auch bei identischen Vokalen gewisse Justierungen in der Formung des Mund-Rachenraums vornimmt.

Die Formung des Mund-Rachenraumes beim Spielen eines Tenorsaxophons durch den Spieler muss nicht der Formung entsprechen, die der Spieler generiert, wenn er z.B. die Vokale a, e, i, o oder u ausspricht. Allerdings kann ebenso davon ausgegangen werden, dass die Formung beim Tenorsaxophonspiel nicht gänzlich von der Formung beim Sprechen der Vokale abweicht. Insofern ist durchaus zu erwarten, dass Formantenbänder, die beim Sprechen von Vokalen identifiziert werden können, auch beim Spielen des Tenorsaxophons auftreten bzw. vom Spieler durch eine ähnliche Formung des Mund-Rachenraums generiert werden und somit zum Sound des Spielers beitragen.

Ergebnisse / Teil 2 – Formanten bei alleiniger Nutzung des Mundstücks (inkl. Reed), des S-Bogens inkl. Mundstück ohne Tenorsaxophon sowie beim Spielen des Tenorsaxophons

Bei alleiniger Nutzung eines Mundstücks (MPC) inklusive Reed konnte der Proband einen Ton erzeugen, dessen niedrigste Frequenz mit hoher Reproduzierbarkeit bei 686Hz lag. Berücksichtigt man die Länge des MPC von 9,8 cm und die Abdeckung der Spitze des Mundstückes durch die Lippen von ca. 1 cm, so ergäbe sich durch das MPC eine Verlängerung des Ansatzrohres des Spielers (durchschnittlich 17,5 cm) auf insgesamt 26,3 cm. Unter Nutzung der bekannten Gleichung (F(i) = c/2L) könnte man rechnerisch erwarten, dass die durch das „MPC und Ansatzrohr" erzeugte niedrigste Frequenz 652Hz beträgt. Da der gemessene Wert und der rechnerische Erwartungswert nahe beieinander liegen, kann daraus geschlossen werden, dass a) das MPC eine reale Verlängerung des Ansatzrohes (Mund-Rachenraum) des Spielers ist und b) die durchschnittliche Länge des Ansatzroheres bei einem männlichen Kaukasier eine gute Annahme für den Probanden ist. Auch wenn aufgrund der hohen Frequenz des Grundtones bei 686Hz sowohl das frequenzabhängige dB-Intensitätsspektrum (siehe Abbildung 5a) wie auch das Formantenspektrum des „MPC-Tons" (siehe Abbildung 5b) eine geringe Auflösung haben, so lassen sich dennoch besonders im Formantenspektrum gewisse Charakteristika erkennen. So lassen sich in den Bereichen von 1300Hz, 3100Hz, 4900Hz, 6400Hz und 8300Hz klare Hinweise auf Formantenbänder erkennen. Diese Frequenzbereiche sind durchaus mit Frequenzen einzelner identifizierter Formantenbänder beim Sprechen der Vokale vergleichbar (siehe Tabelle 2), wobei die Peaks im Formantenspektrum des MPC-Tons bei den Frequenzen 4900Hz, 6400Hz, 8300Hz und 9700Hz in den Formantenspektren der Vokale „o" und „u" nicht erkennbar sind. Beim Vergleich der Formantenspektren der gesprochenen Vokale „a", „e" und „i" mit dem Formantenspektrum des MPC-Tons fällt weiterhin auf, dass die Formanten mit Resonanzmaxima

>4000Hz beim MPC-Ton deutlich höhere relative Intensitätswerte aufweisen als bei den gesprochenen Vokalen. Weiterhin ist zu bemerken, dass es bei dem Frequenzbereich von 1750Hz (dies wäre das erwartete Resonanzmaximum eines Resonators mit der Länge des MPC von 9,8cm) im Formantenspektrum des MPC keinen Hinweis auf ein Formantenband gibt.

Bei Nutzung des Mundstücks (MPC) mit montiertem S-Bogen konnte der Proband einen Ton erzeugen (MPC&S-Bogen-Ton), dessen niedrigste Frequenz mit hoher Reproduzierbarkeit bei 335Hz lag. Dies würde unter Verwendung der bekannten Formel (F(i)=c/2L) einer Schallrohrlänge von ca. 51cm entsprechen. Die Länge des MPC mit montiertem S-Bogen betrug 31,4cm. Berücksichtigt man die Lippenabdeckung des MPC von ca. 1cm, so würde „MPC&S-Bogen" das Ansatzrohr des Spielers um bis zu 30,4cm verlängern. Zu erwarten wäre, bei einer Länge des Ansatzrohres des Spielers von durchschnittlich 17,5cm, ein Ton mit der Grundfrequenz von 358Hz. Auch hier weist die Ähnlichkeit des gemessenen Wertes mit dem rechnerischen Erwartungswert darauf hin, dass „MPC&S-Bogen" als eine reale Verlängerung des Ansatzrohes (Mund-Rachenraum) des Spielers fungieren, ähnlich wie dies für das MPC angenommen werden kann (siehe Ergebnisse oben). Im Formantenspektrum des MPC&S-Bogen-Tons (siehe Abbildung 6) lassen sich bis zu 11 Peaks erkennen, die Hinweise auf Formantenbänder mit entsprechenden Resonanzmaxima geben. In diesem Formantenspektrum (siehe Abb. 6), wie auch im Formantenspektrum des „MPC-Tons" (siehe Abb. 5b) zeigen die Formantenbänder mit Resonanzmaxima >4000Hz eine deutlich gesteigerte Intensität gegenüber den identifizierbaren Formantenbändern in den Formantenspektren der gesprochenen Vokale.

In Tabelle 3 sind die identifizierbaren Peaks (die als Hinweise für Formantenbänder mit den entsprechenden Resonanzmaxima gewertet werden können) aus den Formantenspektren der gesprochenen Vokale (aus Tabelle 1), aus dem „MPC-Formantenspektrum" (Abb. 5b) sowie aus dem „MPC&S-Bogen-Formantenspektrum" (Abb.6) aufgelistet und nach Frequenz des Peaks gruppiert.

Das Formantenspektrum eines vom Probanden auf einem Tenorsaxophon gespielten Ton-A, sowie die mittels Simulation bestimmten Formantenbänder (siehe dazu Lit. Rehm 2) sind in Abbildung 7 dargestellt, wobei die Simulationspräzision im Bereich von 0-9.800Hz 99% betrug.

In Tabelle 4 sind qualitative Daten (Lage des Resonanzmaximums; relative Intensität des Formantenbandes bzw. relativer Anteil des Formantenbandes am gesamten Formantenspektrum von 0-10.00Hz) zu den simulierten Formantenbändern des auf dem Tenorsaxophon gespielten Ton-A dargestellt, sowie die auf Basis der Formel F(i)=c/2L kalkulierten dazugehörigen Resonatorlängen (cm) aufgelistet. Es wird deutlich, dass im Gegensatz zu den Formantenspektren der gesprochenen Vokale, die simulierten Formantenbänder des Ton-A des Tenorsaxophons mit Resonanzmaxima >4000Hz eine vergleichsweise hohe Intensität aufweisen und signifikant zum Formantenspektrum beitragen. Somit zeigen Formantenspektren des „MPC-Tons", des „MPC&S-Bogen-Tons" sowie des „Tenorsaxophon-Tons" diesbzgl. gleichartige Charakteristika und unterscheiden sich deutlich zu den Formantenspektren der gesprochenen Vokale.

Tabelle 5 fasst die Frequenzen der Peaks der Formantenspektren der gesprochenen Vokale (Tabelle 1), des „MPC-Ton", des „MPC & S-Bogen-Tons" (Tabelle 3) und die Frequenzen der Resonanzmaxima der simulierten Formantenbänder des auf dem Tenorsaxophon gespielten Ton-A (Tabelle 4) zusammen und gruppiert diese nach der Höhe.

Aus Tabelle 5 wird ersichtlich, dass die Formantenbänder des Ton-A des Tenorsaxophons mit den Resonanzmaxima bei 784Hz und 5972Hz unter den Formantenbändern der gesprochenen Vokale kein Pendant haben. Dies gilt auch für die Peaks in den Formantenspektren des „MPC&S-Bogen-Tons" bei den Frequenzen 670Hz und 6000Hz. Alle anderen Formantenbänder des Ton-A des Tenorsaxophons können, mit einer gewissen Toleranz, identifizierbaren Peaks der Formantenspektren der gesprochenen Vokale zugeordnet werden. Dies gilt besonders für Peaks in den Formantenspektren der Vokale „a" und „e".

Interpretation der Ergebnisse

Auch wenn die Intention dieser Studie nicht die Analyse von Formanten bei gesprochenen Vokalen ist, so ist es dennoch notwendig, eine entsprechende Betrachtung dieses Sachverhaltes vorzunehmen, um davon ausgehend eine Grundlage zu finden, mit der die Herkunft der beim Tenorsaxophonspiel ausgeprägten Formanten bestimmt werden kann.

Zu der Ausprägung von Formanten im Rahmen der Sprache und besonders bei der Aussprache von deutschen Vokalen (a, e, i, o, u) gibt es eine Vielzahl von Veröffentlichungen (5, 6, 7). Hierbei wird die Meinung vertreten, dass im Wesentlichen 4 Formantenbänder bei den gesprochenen Vokalen ausgeprägt werden, wobei die beiden Formantenbänder mit der niedrigsten Frequenz ihres jeweiligen Resonanzmaximums (in der Literatur F1 und F2 genannt) für die Erkennbarkeit des gesprochenen Vokals von Bedeutung sind. Die Formantenbänder F3 und F4 mit Resonanzmaxima bei höheren Frequenzen bestimmen hingegen eher die „Tragfähigkeit" bzw. das „Timbre" bzw. die „Klangfarbe" der Stimme. Dabei wird auch von einer „Sängerformanten" bei ca. 3000Hz gesprochen, da diese bei ausgebildeten Sängern eine hohe Resonanzintensität zeigt (6, 7).

Sendlmeier et al. (6) stellen dar, dass der Frequenzbereich des Resonanzmaximums von F1 von männlichen Probanden für die Vokale a, e, i, o, u bei ca. 200-1000Hz liegt, je nach gesprochenem Vokal. Für F2 geben sie für diese Probandengruppe einen Bereich der Resonanzmaxima von ca. 700-2700Hz an.

Setzt man diese Ergebnisse in Bezug zu den in dieser Arbeit ermittelten Formantenspektren und identifizierbaren Formantenbändern der gesprochenen Vokale eines männlichen Kaukasiers , so fällt auf, dass bei dieser Untersuchung deutlich mehr als die bisher postulierten 4 Formanten bei der Aussprache der Vokale erkennbar waren (Tabelle 1). So konnten für einen Vokal mindestens 6 und bis zu 8 Resonanzmaxima im Frequenzbereich von 0-5000Hz identifiziert werden und im Frequenzbereich von 0-10000 wurden bis zu 12 Resonanzmaxima erkennbar.

Die Formantenspektren der ausgesprochenen Vokale bei unterschiedlichen Frequenzen des Grundtons zeigen bei dem gleichen Vokal zwar gewisse Variationen, jedoch bleibt die „Vokal-typische Ausprägung" bei beiden Frequenzen erkennbar und auch der deutliche Unterschied zu den „Vokal-typischen" Formantenspektren anderer Vokale bleibt erhalten(siehe Abb. 3a-c und 4a-c).

Geht man davon aus, dass die Höhe eines „Resonanzpeaks" im Formantenspektrum als angenäherter Wert für die „relative Resonanzintensität" des zugrundeliegenden Formantenbandes verstanden werden kann, so zeigt sich, dass für jeden Vokal die relativen Intensitäten der identifizierbaren Formantenbänder besonders im Frequenzbereich von 0-5.000Hz sehr unterschiedlich ausfallen (siehe Abb. 3a-c und 4a-c). Auch sind bei allen Vokalen die relativen Resonanzintensitäten der Formantenbänder mit Maxima >4.000Hz deutlich geringer als die Resonanzintensitäten der Formantenbänder des gleichen Vokals mit Maxima <4000Hz.

Die in der Literatur zu findende Reduktion auf vier Sprachformanten (F1-F4) kann als „vereinfachtes Betrachtungsmodell" verstanden werden, welches möglicherweise gewählt wurde, um sich auf die für die Spracherkennung wesentlichen Frequenzbereiche zu fokussieren. Die von Rehm et. al (1, 2) für das Tenorsaxophon entwickelten detaillierten und verifizierten Methoden zur Bestimmung von Formantenspektren sowie zur Simulation von distinkten Formantenbändern sind in der Literatur für „gesprochene Töne" bisher in dieser Form nicht zu finden, sodass dies auch als weiterer Grund dafür gelten kann, dass bisher von nur 4 wesentlichen Formanten bei der Artikulation von Vokalen ausgegangen wurde. Mit den in dieser Studie dargelegten Ergebnissen muss nun allerdings davon ausgegangen werden, dass ein kaukasischer Mann beim Sprechen von Vokalen deutlich mehr als 4 Formantenbänder ausprägt. Welche Bedeutung diese verschiedenen Formanten für die Sprachpräzision, die Tragfähigkeit der Stimme sowie die Stimmfarbe haben, ist nicht Gegenstand dieser Untersuchung und mit den hier vorgelegten Daten können dazu auch keine Aussagen getroffen werden.

Die in den frequenzabhängigen Intensitätsspektren und in den Formantenspektren der Vokale erkennbaren Peaks mit Maxima <1000Hz können nicht als Resonanzen des Ansatzrohres des Sprechers interpretiert werden, da bei einer durchschnittlichen Länge des Ansatzrohres von 17,5cm die niedrigste Resonanzfrequenz (bei 20 Grad Celsius und normalfeuchter Luft) 980Hz betragen würde. Peaks mit Maxima kleiner dieser Frequenz müssen somit bei gesprochenen Vokalen eine andere Ursache haben und es ist anzunehmen, dass eher der Prozess der Tonerzeugung durch Glottis und Stimmlippen für diese Phänomene verantwortlich sind. Damit sind diese Peaks in den Intensitäts- und Formantenspektren der gesprochen Vokale nicht relevant, wenn es um die Frage der Herkunft bzw. der Generierung der Formantenbänder beim Tenorsaxophonspiel geht, denn hierbei findet keine Tonerzeugung im Bereich der Glottis bzw. durch die Stimmlippen statt, sondern durch die Schwingung des Plättchens (Reed). Insofern ist es folgerichtig, dass die Peaks der gesprochenen Vokale <1000Hz in Bezug auf den Fokus dieser Studie keine Rolle spielen bzw. ohne Bedeutung sind.

Die Peaks in den Formantenspektren der gesprochenen Vokale mit Frequenzen >1000Hz können hingegen durchaus als Resonanzen des Ansatzrohres bzw. bestimmter Teilstücke des Ansatzrohres interpretiert werden. Dafür spricht die offensichtliche Parallelität (i) des Verschwindens des Formantenbands mit dem Resonanzmaximum im Bereich von 1000Hz beim Wechsel von Vokal „a" zu Vokal „i" (siehe Abbildungen 4a und 4b) und (ii) des gleichzeitigen starken Anhebens der Zunge zum Gaumen bei der Artikulation des Vokals „i" durch den Sprecher. Denn als Resultat dieser Anhebung wird die Kontinuität des Ansatzrohres gebrochen und das Ansatzrohr in seiner gesamten Länge fällt als Resonator weg.

Auf die genauen Prozesse der Formung des Mund-Rachenraums zur Artikulation von Vokalen durch einen Sprecher soll hier nicht weiter eingegangen werden. Allerdings ist festzustellen, dass ein Sprecher in Summe bis zu 12 Formantenbänder im Frequenzbereich von 1.000-10.000Hz bei der Artikulation der Vokale durch die Formung seines Mund-Racheraumes generieren kann (siehe Tabelle 1).

Aus den Frequenzen des erzeugten Grundtons bei Einsatz des MPC bzw. von MPC&S-Bogen (686Hz und 335Hz – siehe Ergebnisse) errechnet sich nach der Formel (F(i)=c/2L eine Resonatorlänge von 25cm und 51,2cm. Bringt man die Länge des MPC und des MPC&S-Bogen in Abzug und berücksichtigt man ebenso die Mundabdeckung des MPC um ca. 1cm, so ergibt sich ein rechnerischer Wert (als Restlänge des Schallrohrs) von 16,2cm und 20,8cm. Damit kommen beide Werte dem Durchschnittswert für die Länge des Ansatzrohres eines männlichen Kaukasiers von 17,5cm nahe. Die Differenz der beiden errechneten Werte kann darauf zurückzuführen sein, dass die verwendete Formel nur als gute Näherung zur Beschreibung der realen Prozesse verstanden werden kann. Die Nähe der Werte lässt aber den Schluss zu, dass mit einer gewissen Fehlertoleranz die Formel F(i)=c/2L zur Bestimmung von Resonatorlängen von Formantenbändern verwendet werden kann, wenn deren Resonanzmaxima bekannt sind.

Das Formantenspektrum des MPC-Tons hat aufgrund der geringen Auflösung keine Detailinformationen, doch können 2 wesentliche Phänomene beobachtet werden: (i) es findet sich ein distinkt ausgeprägtes Formantenband mit einem Resonanzmaximum bei ca. 1300Hz und (ii) die

Formanten mit Resonanzmaxima >4000Hz haben eine deutlich höhere relative Intensität als Formantebänder der gesprochenen Vokale in diesem Bereich. Beide Phänomene finden sich auch bei dem Formantenspektrum des „MPC&S-Bogen-Tons", wobei dieses Formantenspektrum aufgrund der höheren Auflösung weitere Details offenbart.

Das Formantenband mit einem Maximum bei 1300Hz kann beim „MPC-Ton" nicht vom MPC hervorgerufen werden, denn entsprechend der Länge des MPC kann das Resonanzmaximum nicht unterhalb von ca. 1750Hz liegen. D.h. dieses Formantenband muss zumindest zu einem Teil auch im Ansatzrohr generiert werden. Die Präsenz dieses Formantenbandes auch beim „MPC&S-Bogen-Ton" (siehe Abb.6), aber dessen Verschwinden beim Tenorsaxophon-Ton (siehe Abb.7), lassen jedoch keine eindeutige Aussage über den Generierungsort dieses Formatenbandes zu. Es kann allerdings aus diesen Befunden geschlossen werden, dass das MPC in seiner Gesamtlänge allein keine Resonatoreigenschaften hat und somit kein Formantenband ausprägt, da ein klares Resonanzsignal bei der erwarteten Frequenz von ca. 1750Hz fehlt.

Die deutlich gesteigerte relative Intensität der Formantenbänder mit Resonanzmaxima >4000Hz bei dem MPC-Ton, dem MPC&S-Bogen-Ton und dem Saxophon-Ton im Vergleich zu ähnlich lokalisierten Formantenbändern der gesprochenen Vokale kann so interpretiert werden, dass die Formung eines „Schallrohres" – zunächst durch das MPC, dann durch MPC&S-Bogen bis hin zum Tenorsaxophon – nicht nur die gesamte Lautstärke des Tons steigert, sondern auch die Resonanz der Formantenbänder mit Maxima >4000Hz signifikant anhebt. Auch nimmt mit zunehmender Länge des Schallrohrs (vom MPC über MPC&S-Bogen bis zum gesamten Tenorsaxophon) im frequenzabhängigen dB-Spektrum des jeweiligen Tons die Bandbreite der Peaks des erzeugten Grundtons und der Obertöne ab (data not shown), was als Steigerung der „Ton-Präzision" bzw. Präzision der Stimmung (Englisch: „pitch") zu verstehen ist. Dies steht im Einklang mit den Aussagen von Schubert et.al (8), die bei Blasinstrumenten dem Instrument bzw. dem Schallrohr des Instrumentes die Aufgabe der Ton- bzw. „Pitch"-Kontrolle und damit der „Pitch"-Präzision zuordnen, während die Klangfarbe, ähnlich wie beim Sprechen, im Wesentlichen durch die Formung des Mund-Rachenraums des Spielers bestimmt wird und so Resonanzen und damit Formantenbänder ausgeprägt werden.

Beim MPC&S-Bogen-Ton sowie beim Tenorsaxophon-Ton treten 2 Formantenbänder auf (Maxima bei 670-790Hz und 5950-6000Hz – siehe Tabelle 5), die kein Pendant unter den identifizierbaren Peaks der Formantenspektren der gesprochenen Vokale aufweisen. Somit liegt die Vermutung nahe, dass diese beiden Formantenbänder, deren Resonatorlängen sich zu 21-25,5cm und zu 2,9cm errechnen lassen, von der Hardware(MPC, S-Bogen, Korpus des Tenorsaxophons) und nicht vom Mund-Rachenraum generiert werden. Das Faktum, dass der Formant mit dem Resonanzmaximum im Bereich von 670-790Hz sowohl beim MPC&S-Bogen-Ton wie auch beim Tenorsaxophon auftritt, weist daraufhin, dass eher der Bereich des „MPC&S-Bogen" der Entstehungsort dieses Formanten ist als der Korpus des Tenorsaxophons. Berücksichtigt man, dass dieses Formantenband ca. 7% des Formantenspektrums des Tons ausmacht (siehe Tabelle 4) und die Intensität (dB-Wert) des Obertons bei dieser Frequenz aufgrund der Resonanz noch 96% der Intensität der Grundfrequenz (196Hz) beträgt, so wird die Bedeutung dieses Formanten für den Sound des Tenorsaxophonspiels deutlich. Die Erfahrungen von Tenorsaxophonspielern, dass S-Bogen und Mundstück in erheblicher Weise den Sound beeinflussen und dass durch Verwendung verschiedener MPC und S-Bögen der Sound massiv verändert wird, könnten mit der Zuordnung des Formantenbandes zum „MPS&S-Bogen" erklärbar sein. Ein weiterer Hinweis, dass es sich bei diesem Formantenband um kein vom Spieler generiertes Formantenband handelt, ergibt sich aus dem Vergleich der Formantenspektren eines tiefen D gespielt im Subton und im Kernton (1). Bei diesen Formantenspektren sind die relativen Intensitäten der Formantenbänder mit Maxima >1500Hz beim Subton gegenüber dem Kernton deutlich reduziert, was als Folge der gezielten Umformung des Mund-Rachenraums des Spielers zu werten ist, um den gewünschten Sound zu erzielen - allein das distinkte Formantenband mit einem Maximum bei 1000Hz ist nahezu unverändert.

Die ähnliche Anzahl an identifizierbaren Formantenbändern bei gesprochenen Vokalen und dem Tenorsaxophon-Ton, sowie die durchaus in Paare zu gruppierenden Resonanzmaxima der jeweiligen Formantenbänder (siehe Tabelle 5) können als Hinweis darauf gewertet werden, dass ein nicht unerheblicher Teil der Formanten beim Tenorsaxophonspiel im Mund-Rachenraum des Spielers generiert wird, was der theoretisch abgeleiteten ähnlichen Aussage von Schubert et.al entsprechen würde (8).

Die Ergebnisse dieser Studie sind als Belege bzw. Hinweise dafür zu werten, dass beim Tenorsaxophon (i) das Formantenband mit einem Resonanzmaximum im Bereich von 700-1000Hz nicht im Mund-Rachenraum des Spielers generiert wird sondern wahrscheinlich im Bereich des „MPC&S-Bogens", (ii) das Formantenband mit einem Resonanzmaximum bei 6000Hz ebenfalls seinen Ursprung nicht im Ansatzrohr des Spielers hat und dass (iii) der Entstehungsort der weiteren Formantenbänder eher im Bereich des Mund-Rachenraum des Spielers zu suchen ist.

Es wird weiterer Studien bedürfen, um auf eindeutige Weise die Herkunft der beim Tenorsaxophon generierten Formanten bzw. deren Entstehungsort zu klären. Dabei könnten Untersuchungen einen wichtigen Beitrag leisten, bei denen verschiedene professionelle Saxophonspieler (bei unveränderter Hardware) unterschiedliche Sounds erzeugen und damit einhergehende Veränderungen der Formantenbänder bestimmt werden. Dies könnte zur weiteren Klärung der Frage nach der Herkunft bzw. dem Entstehungsort der beim Tenorsaxophon beobachteten Formantenbänder beitragen.

References

1) A.Rehm; L.Rehm; „Schallwellenanalyse des Sounds professioneller TenorsaxophonspielerInnen Teil1: Akustische Komponenten der Schallwelle, die vom Spieler generiert und reguliert werden und den Sound bestimmen"; ISBN: 9783668712769; Deutsche Nationalbibliothek; http://dnb.d-nb.de

2) A.Rehm; „Schallwellenanalyse des Sounds professioneller TenorsaxophonspielerInnen Teil2: Methodik zur Bestimmung und Analyse von Formantenspektren und Formantenbändern aus mittels Fourieranalyse errechneten frequenzabhängigen Intensitätsspektren"; ISBN: 9783668777590; Deutsche Nationalbibliothek; http://dnb.d-nb.de

3) Li, W., Chen, J-M., Smith, J. and Wolfe, J. "Effect of vocal tract resonances on the sound spectrum of the saxophone" ACTA ACUSTICA UNITED WITH ACUSTICA, 101, 270-278 (2015) DOI 10.3813/AAA.918825

4) J. Kergomard et.al.; TECNIACUSTICA 2013; pp.1209-1216, Valladolid; Spain; <hal-01309204>

5) J.Trommer; "Formanten im Detail", Universität Leipzig, Institut für Linguistik; 2007; Internetlink: http://home.uni-leipzig.de/jtrommer/phonetik07/k5c.pdf

6) W.F.Sendlmeier et . al; „Formantenkarte des deutschen Vokalsystems"; TU Berlin Institut für Sprache und Kommunikation; Internetlink: https://www.kw.tu-berlin.de/fileadmin/a01311100/Formantkarten_des_deutschen_Vokalsystems_01.pdf

7) S.Lee et al; „The singer's formant and speaker's ring resonance: a long-term average spectrum analysis"; Clinical and Experimental Otorhinolaryngology; Vol. 1 No.2: 92-96, June 2008; DOI 10.3342/ceo.2008.1.2.92

8) E.Schubert, J.Wolfe; "Voicelikeness of musical instruments: A literature review of acoustical, psychological and expressiveness perspectives"; Musicae Scientiae 1-15 2016; DOI: 10.1177/10298649/663/393

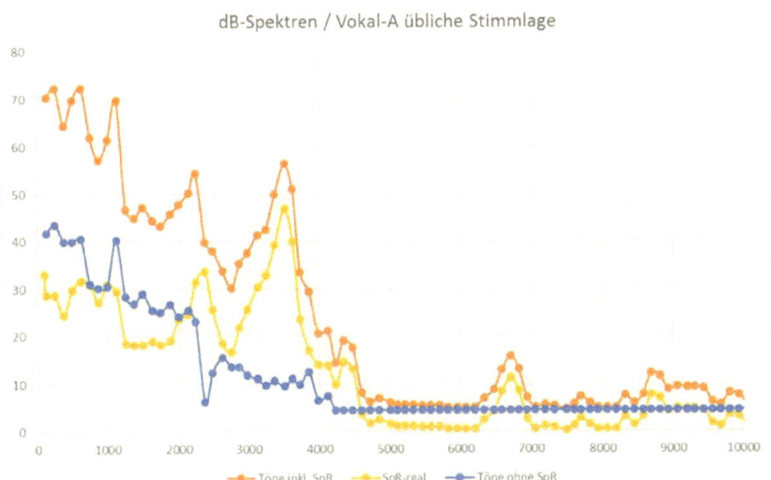

Abbildung 1a: Frequenzabhängiges Intensitätsspektrum von Vokal „a" gesprochen in üblicher Stimmlage (Ordinate: dB / Abszisse: Hz).

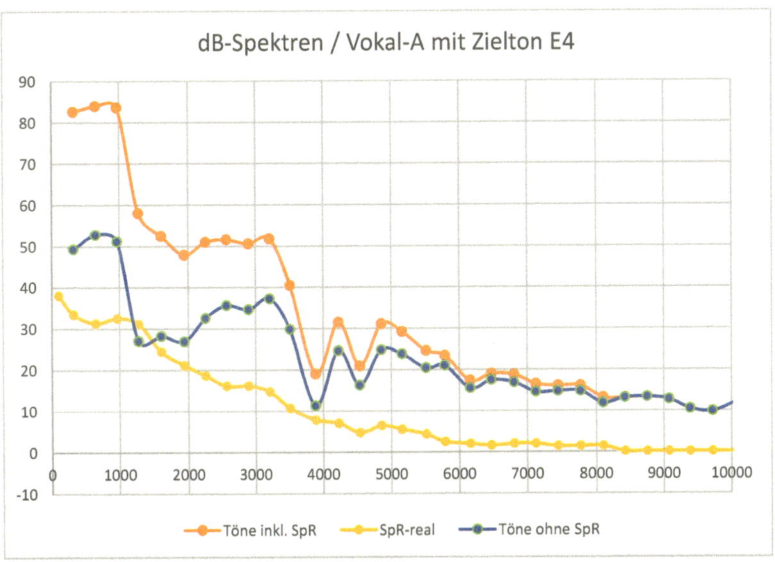

Abbildung 1b: Frequenzabhängiges Intensitätsspektrum (dB) von Vokal „a" gesprochen mit Zielton E4 (Ordinate: dB / Abszisse: Hz).

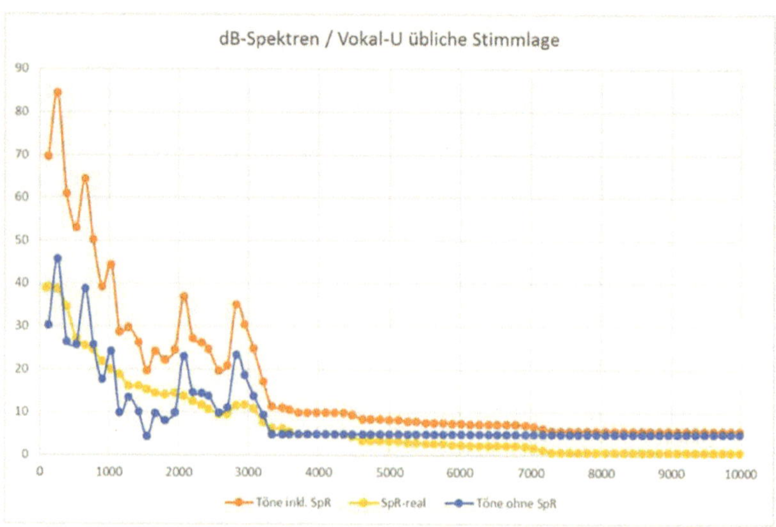

Abbildung 2a: Frequenzabhängiges Intensitätsspektrum (dB) von Vokal „u" gesprochen in üblicher Stimmlage (Ordinate: dB / Abszisse: Hz).

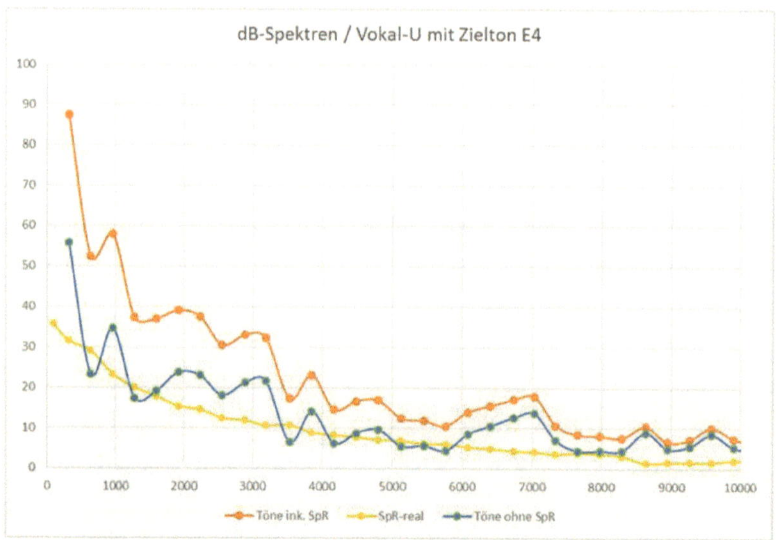

Abbildung 2b: Frequenzabhängiges Intensitätsspektrum (dB) von Vokal „a" gesprochen mit Zielton E4 (Ordinate: dB / Abszisse: Hz).

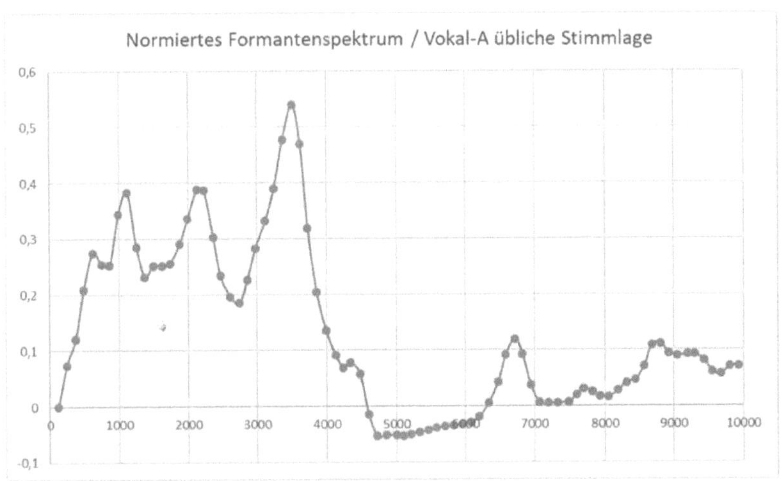

Abbildung 3a: Formantenspektrum von Vokal „a" gesprochen in üblicher Stimmlage (Abszisse: Hz).

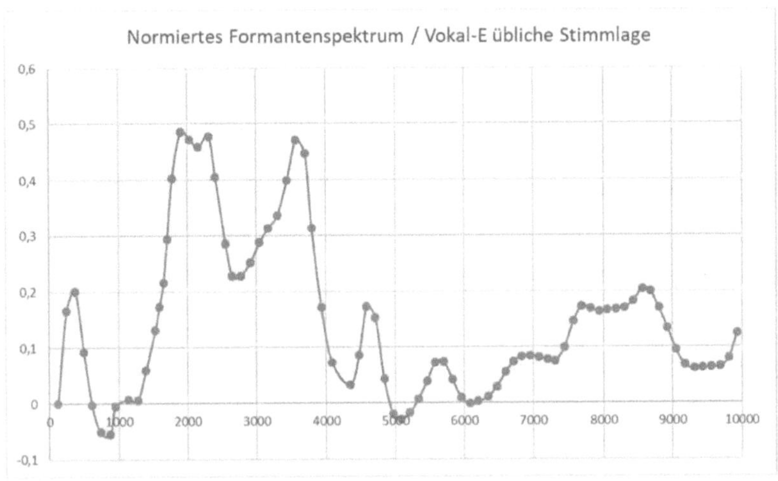

Abbildung 3b: Formantenspektrum von Vokal „e" gesprochen in üblicher Stimmlage (Abszisse: Hz).

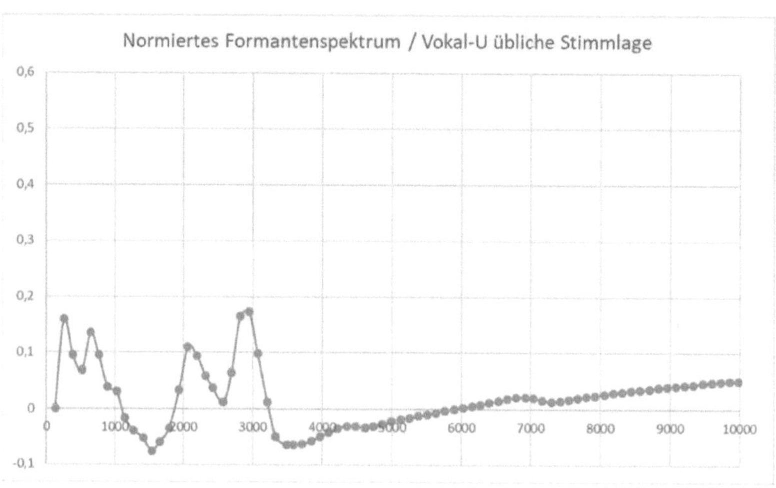

Abbildung 3c: Formantenspektrum von Vokal „u" gesprochen in üblicher Stimmlage (Abszisse: Hz).

Position (Hz) eindeutig identifizierbarer Resonanz-Peaks der Formantenspektren						
Formant	Vokal-a	Vokal-e	Vokal-i	Vokal-o	Vokal-u	**Mittelw. Hz**
F1 a			251		255	
F1 b		374		382		
F1 c	623				650	
F1 d		877	755			
F2	1.122	1.140	1.140	1.140	1.033	**1.115**
F3	1.550			1.455	1.546	**1.517**
F4 a	2.180	1.906	2.024	2.168	2.070	**2.070**
F4 b		2.316	2.500			**2.408**
F5		3.048	3.175	3.050	2.950	**3.056**
F6	3.506	3.574	3.543	3.725	3.584	**3.586**
F7	4.340	4.582	4.569			**4.497**
F8		5.640				**5.640**
F9	6.711	6.956	6.700			**6.789**
F10		7.688				**7.688**
F11	8.740	8.570	8.312			**8.541**
F12	9.300					**9.300**

Tabelle 1: Darstellung und Gruppierung der identifizierbaren Peaks der Formantenspektren der in üblicher Stimmlage gesprochenen Vokale.

Kalkulierte Resonatorlängen zu Peaks (Tabelle 1)

Formant	Peak (Hz)	Resonatorlänge (cm)
F2	1.115	**15,38**
F3	1.517	**11,31**
F4 a	2.070	**8,29**
F4 b	2.408	**7,12**
F5	3.056	**5,61**
F6	3.586	**4,78**
F7	4.497	**3,81**
F8	5.640	**3,04**
F9	6.789	**2,53**
F10	7.688	**2,23**
F11	8.541	**2,01**
F12	9.300	**1,84**

Tabelle 2: Berechnete „Resonatorlängen" (cm) auf Basis der graphisch bestimmten Lage der Resonanzmaxima in den Formantenspektren (Tabelle 1) der gesprochenen Vokale.

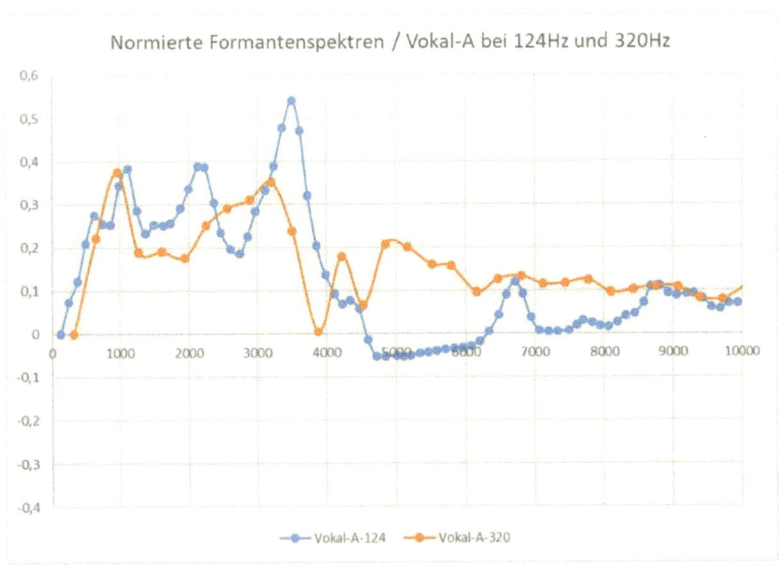

Abbildung 4a: Formantenspektren des Vokals „a" gesprochen in üblicher Stimmlage (124Hz) und mit Zielton E4 (320Hz) (Abszisse: Hz).

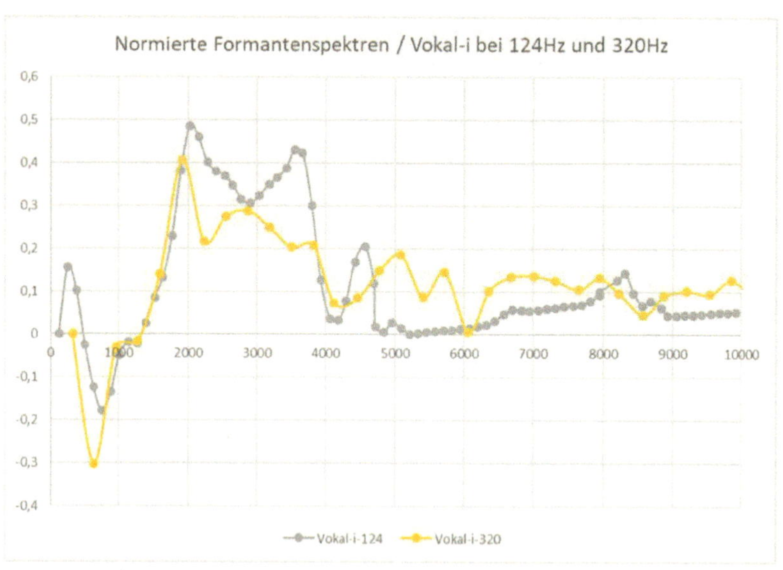

Abbildung 4b: Formantenspektren des Vokals „i" gesprochen in üblicher Stimmlage (124Hz) und mit Zielton E4 (320Hz) (Abszisse: Hz).

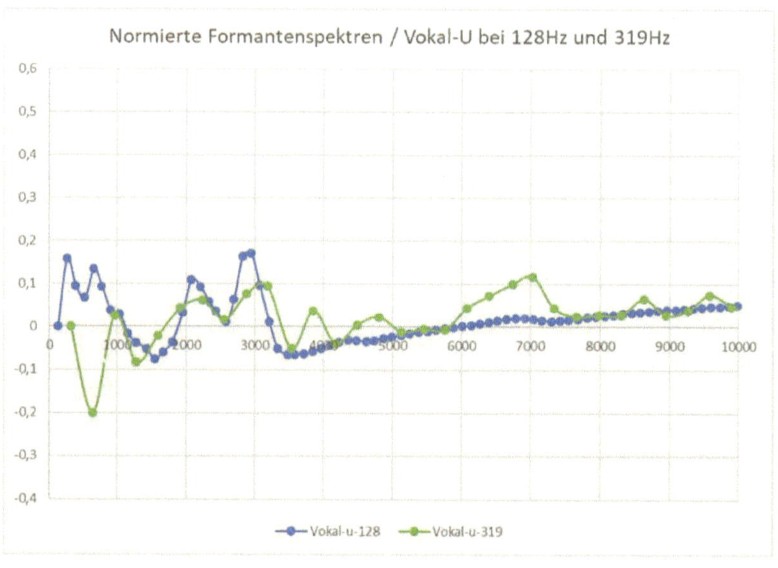

Abbildung 4a: Formantenspektren des Vokals „u" gesprochen in üblicher Stimmlage (128Hz) und mit Zielton E4 (319Hz) (Abszisse: Hz).

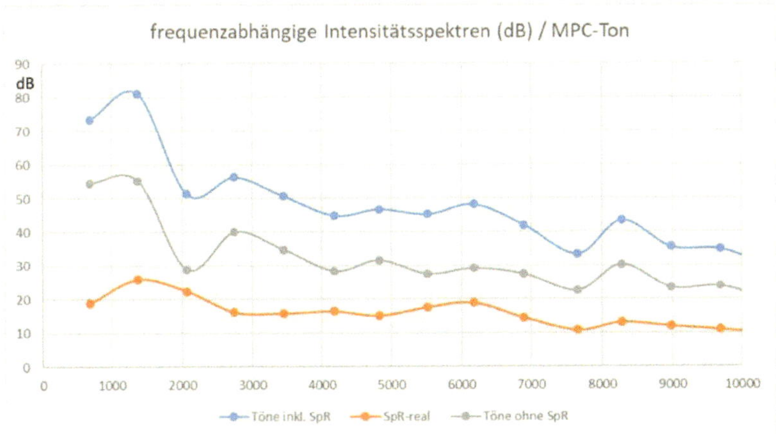

Abbildung 5a: dB-Intensitätsspektren des MPC – Intensitäten des Grundtones und der Obertöne (inkl. und ohne SpR) und des Spielerrauschens (SpR) (Abszisse: Hz).

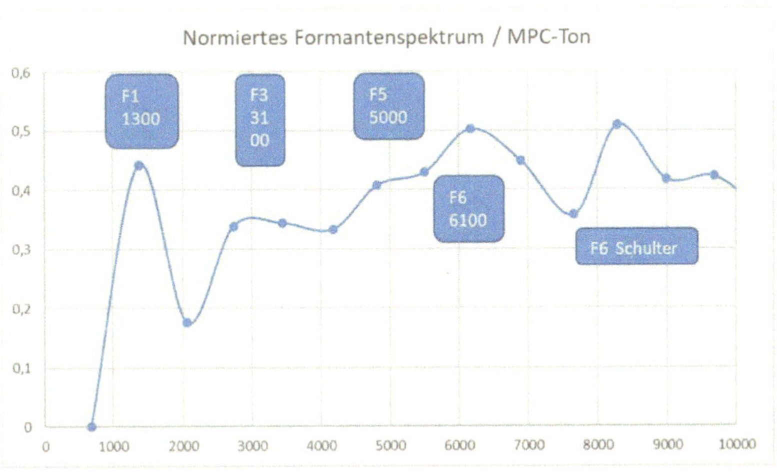

Abbildung 5b: Formantenspektrum des Tons generiert mit dem Mundstück (MPC) (Abszisse: Hz).

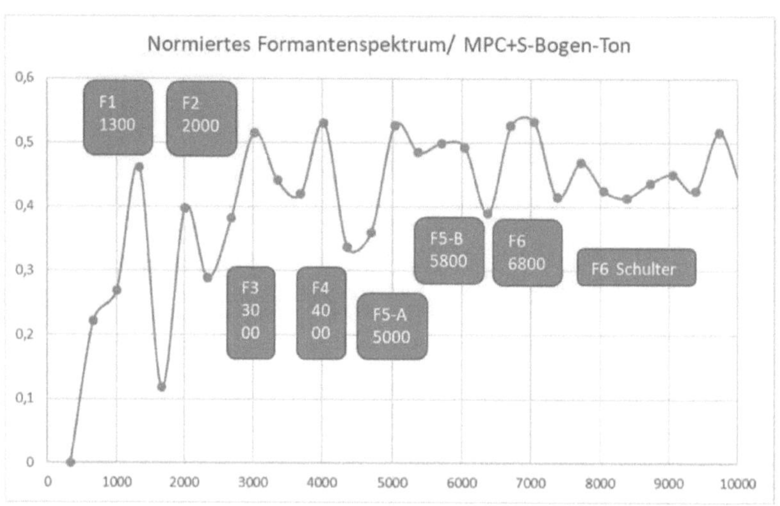

Abbildung 6: Formantenspektrum des Tons generiert mit MPC & S-Bogen (Abszisse: Hz).

Peaks (Hz) in den Formantenspektren

Vokale	MPC&S-bow	MPC
	670	
1115	1300	1300
1517		
2070	2000	
2408		
3056	3000	3100
3586	4000	
4497	5000	4900
5640	6000	
		6400
6789	6800	
7688	7700	
8541	8700	8300
9300	9700	9700

Tabelle 3: Auflistung der identifizierbaren Peaks der Formantenspektren der gesprochenen Vokale, des „MPC-Tons" und des „MPC&S-Bogen-Tons".

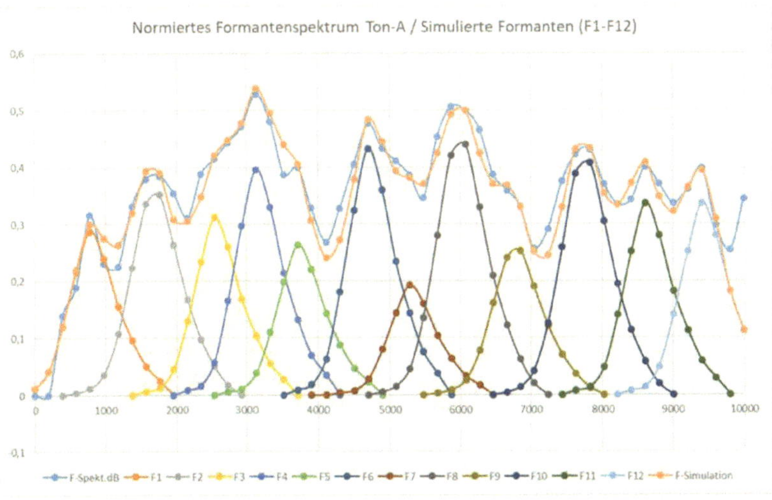

Abbildung 7: Formantenspektrum und simulierte Formantenbänder des gespielten Ton-A auf dem Tenorsaxophon (Abszisse: Hz).

Simulierte Formantenbänder (Ton-A Tenorsaxophon)

Formanten	Maxima Hz	Intens. (%)	Resonatorlänge (cm)
F1	784	6,9%	21,88
F2	1662	9,3%	10,32
F3	2350	7,5%	7,30
F4	3133	9,6%	5,47
F5	3721	6,4%	4,61
F6	4700	10,4%	3,65
F7	5284	4,6%	3,25
F8	5972	11,6%	2,87
F9	6753	6,7%	2,54
F10	7729	10,7%	2,22
F11	8610	8,1%	1,99
F12	9404	8,1%	1,82

Tabelle 4: Auflistung der simulierten Formantenbänder des Ton-A des Tenorsaxophons mit Werten für die Resonanzmaxima (Hz), der relativen Intensitäten der Formantenbänder (%) und der kalkulierten Resonatorlängen (cm) der Formantenbänder.

Peaks (Hz) der Formantenspektren und der Simulation (Ton-A Tenorsaxophon)					
Alle Vokale	Ton-A	MPC&S-bow	MPC	Vokal "a"	Vokal "e"
	784	670			
1115		1300	1300	1.122	1.140
1517	1662			1.550	
2070		2000		2.180	1.906
2408	2350				2.316
3056	3133	3000	3100		3.048
3586	3721	4000		3.506	3.574
4497	4700	5000	4900	4.340	4.582
5640	5284				5.640
	5972	6000			
			6400		
6789	6735	6800		6.711	6.956
7688	7729	7700			7.688
8541	8610	8700	8300	8.740	8.570
9300	9404	9700	9700	9.300	

Tabelle 5: Auflistung der Peaks der Formantenspektren aller Vokale (a, e, i, o, u - mit separater Darstellung der Peaks der Formantenspektren der Vokale „a" und „e"), der Formantenspektren des „MPC-Tons" und des „MPC&S-Bogen-Tons" sowie der simulierten Formantenbänder des „Ton-A des Tenorsaxophons".

BEI GRIN MACHT SICH IHR WISSEN BEZAHLT

- Wir veröffentlichen Ihre Hausarbeit,
  Bachelor- und Masterarbeit

- Ihr eigenes eBook und Buch -
  weltweit in allen wichtigen Shops

- Verdienen Sie an jedem Verkauf

Jetzt bei www.GRIN.com hochladen
und kostenlos publizieren